**TV wall** 新锐设计师的全新力作

# TV WALL DESIGN SQUARE

第**2**季

# 电视墙设计广场

电视墙设计广场第2季编写组/编

U0322872

# 现代 电视墙

机械工业出版社
CHINA MACHINE PRESS

墙面设计是家庭装饰装修的重要组成部分，不论是色彩还是造型，都能体现出居住者的审美品位，也最能吸引来访者的视线。《电视墙设计广场第2季》按设计风格分为五个分册，包括《现代电视墙》《中式电视墙》《欧式电视墙》《混搭电视墙》和《简约电视墙》。作者以大量的图片直观地展示了各种不同风格、不同造型、不同功能的电视墙，并将每张图片中展示的重点材料进行了标注，对不同风格电视墙的设计理念、材料选择、灯光设计、材质保养、色彩选择等问题采用小贴士的方式进行了实用且通俗易懂的阐释。本书图片量大，图片新颖，读者可以从中获取适合自己家庭的装修风格，同时本书也适合初涉装修行业的设计师参考、借鉴。

**图书在版编目（CIP）数据**

电视墙设计广场. 第2季. 现代电视墙 / 电视墙设计
广场第2季编写组 编. — 2版. — 北京 ： 机械工业出版
社，2015.8
（电视墙设计广场）
ISBN 978-7-111-51237-0

Ⅰ.①电…　Ⅱ.①电…　Ⅲ.①住宅－装饰墙－室内装
饰设计－图集　Ⅳ.①TU241-64

中国版本图书馆CIP数据核字(2015)第187569号

机械工业出版社（北京市百万庄大街22号　邮政编码 100037）
策划编辑：宋晓磊　　　　　　　责任编辑：宋晓磊
责任印制：乔　宇　　　　　　　责任校对：白秀君
保定市中画美凯印刷有限公司印刷

2015年8月第2版第1次印刷
210mm×285mm · 7印张 · 194千字
标准书号：ISBN 978-7-111-51237-0
定价：34.80元

Contents
目录

## 如何设计现代时尚风格的电视墙

居室的时尚个性化是未来装修设计的一个重要方向,在家里设计一幅属于自己的风景,已经成为城市年轻群体的时尚选择。电视墙采用什么材料并不是最重要的,最重要的是要考虑这部分墙面造型的美观以及对整个客厅效果的影响,做出的造型应力求在空间及平面上都有丰富的变化,给电视墙带来无限的想象力。在设计造型的时候,应根据客厅空间及整体风格进行设计,采用统一或对比、呼应或点缀的方式,以达到协调、舒适的视觉效果。

云纹大理石

手绘墙饰

白枫木饰面板

白枫木饰面板

米色大理石

泰柚木饰面板

肌理壁纸

艺术墙贴

艺术壁纸

深咖啡色网纹大理石

艺术墙贴                    白枫木饰面板

雕花茶镜      白色乳胶漆

装饰灰镜      石膏板

木纹大理石

条纹壁纸

白枫木饰面板

白色乳胶漆

红樱桃木饰面板

木纹大理石　　　　　　　　　　　　木质搁板

木质搁板　　　　　　　　　　　　　　　　　银镜装饰线

红樱桃木饰面板

装饰茶镜

艺术壁纸

条纹壁纸

爵士白大理石装饰线

白枫木装饰线

车边茶镜

条纹壁纸

白枫木装饰线

艺术壁纸                                    木质搁板

石膏板拓缝                              密度板拓缝

密度板雕花贴银镜                    白枫木饰面板

# 如何设计现代简约风格的电视墙

现代简约风格的电视墙要求色彩搭配明快，以暖色为宜，设计线条要求简洁流畅，柔和大方。会给人提供一个放松、舒适的休闲环境。如果电视墙面积较大，无论横向还是纵向，都可以充分利用，大型电视墙应该避免单调，可以用二至三种不同的材料来打造。另外，墙面造型可以略带层次感，寥寥几笔的勾勒就能让墙面生动起来。如果客厅面积较小，电视墙设计就要化繁为简，尽量使用整体大块的手法去设计；多使用镜面材料，可以起到扩展视野的作用，可选用烤漆玻璃结合墙纸进行设计，造型简约时尚，造价也不高。

打造时尚、个性的电视墙，除需要注意与家庭整体的装修风格、空间大小相协调外，更要考虑自己的实际需求，在设计时将储物空间与电视墙的视觉效果结合起来，既要给其留够位置，又要浑然一体，不显突兀。

石膏板

条纹壁纸

木质搁板

中花白大理石

黑色烤漆玻璃　　　　　　　石膏板拓缝

白色乳胶漆

艺术壁纸

手绘墙饰

米色网纹大理石

浅咖啡色网纹大理石

木纹大理石

木质搁板

米白色洞石

深咖啡色网纹大理石装饰线

白色乳胶漆

白桦木饰面板　　　　　　　　银镜装饰线

中花白大理石

黑色烤漆玻璃

白色乳胶漆

深咖啡色网纹大理石

爵士白大理石

密度板造型贴银镜

白枫木格栅

雕花烤漆玻璃　　　　　　　　　艺术壁纸

艺术壁纸　　　　　　　　　　　木质搁板

水曲柳饰面板　　　　　　　　　装饰银镜

条纹壁纸

装饰茶镜

陶瓷锦砖

木质搁板

布艺装饰硬包

木质踢脚线

## 如何合理选用电视墙的装饰材料

　　电视墙的设计中要注重材料特性的选择与搭配。在材料的色彩搭配上，不同的颜色给人不同的心理感受，光泽度和透明度也必须同时考虑，如普通玻璃、有机玻璃板、磨砂玻璃、透光云石、金属、木材等的搭配。由于色彩的明度不同，因此可以形成不同的空间感，可产生前进、后退、凸出、凹进的效果。同时，也可利用不同材料的装饰性，如材料本身的花纹图案、形状、尺寸等的和谐搭配，最大限度地发挥出材料的装饰效果。

仿古墙砖

石膏板

云纹大理石

条纹壁纸

装饰银镜

艺术壁纸

石膏板拓缝

艺术壁纸

黑色烤漆玻璃

石膏板

木纹大理石

木纹大理石

肌理壁纸

密度板雕花贴银镜

泰柚木饰面板

布艺软包

黑色烤漆玻璃

米黄色大理石

密度板造型

白色乳胶漆

有色乳胶漆

艺术壁纸

条纹壁纸

黑色烤漆玻璃

陶瓷锦砖

爵士白大理石

雕花烤漆玻璃

米黄色洞石

白枫木装饰线

艺术墙贴

装饰灰镜

铁锈黄大理石

黑色烤漆玻璃

白枫木格栅

艺术墙贴                    白枫木装饰线

## 客厅电视墙的色彩设计应该注意哪些问题

　　电视墙作为客厅装饰的一部分，在色彩的把握上一定要与整个空间的色调相一致。如果电视墙色系和客厅的色调不协调，不但会影响感观，还会影响人的心理。电视墙的色彩设计要和谐、稳重。电视墙的色彩与纹理不宜过分夸张，应以色彩柔和、纹理细腻为原则。一般来说，淡雅的白色、浅蓝色、浅绿色，明亮的黄色、红色饰以浅浅的金色都是不错的色调，同时，浅颜色可以起到延伸空间的作用，使空间看起来更宽阔；过分鲜艳的色彩和夸张的纹理会让人的眼睛感到疲劳，并且会给人一种压迫感和紧张感。

米白色洞石

创意木质搁板

桦木饰面板

石膏板

肌理壁纸

艺术壁纸

石膏板

手绘墙饰

石膏板                    艺术壁纸

水曲柳饰面板                    装饰银镜

密度板造型　　　　　　艺术壁纸

艺术壁纸

石膏板拓缝

深咖啡色网纹大理石装饰线

茶镜装饰线

艺术壁纸

白枫木饰面板

艺术壁纸

艺术壁纸

肌理壁纸

白色乳胶漆

艺术壁纸

深茶色烤漆玻璃

白枫木饰面板

白枫木饰面板

茶色烤漆玻璃

白枫木饰面板　　雕花银镜

灰镜装饰线　　　　　　米白色洞石

木纹大理石          黑色烤漆玻璃

艺术壁纸          不锈钢装饰条

米黄色大理石

米色洞石

## 如何通过设计电视墙来改变客厅的视觉效果

客厅电视墙一般距离沙发3m左右，这样的距离是最适合人眼观看电视的距离，进深过大或过小都会造成人的视觉疲劳。如果电视墙的进深大于3m，那么在设计上电视墙的宽度要尽量大于深度，墙面装饰也应该丰富一些，可以在电视墙上贴壁纸、装饰壁画或者在电视墙上刷不同颜色的油漆，在此基础上再加上一些小的装饰画框，这样在视觉上就不会感觉空旷了。如果客厅较窄，电视墙到沙发的距离不足3m，可以通过设计成错落有致的造型进行弥补。例如，可以在电视墙上安装一些突出的装饰物、装饰隔板或书架，以弱化电视的厚度，使整个客厅有层次感和立体感，空间的延伸效果也可显现出来。

装饰灰镜

水曲柳饰面板

肌理壁纸

黑色烤漆玻璃

有色乳胶漆

白色抛光墙砖

雕花银镜                              艺术壁纸

艺术壁纸

有色乳胶漆

白色乳胶漆

黑色烤漆玻璃

黑色烤漆玻璃

石膏板

手绘墙饰

黑色烤漆玻璃　　　　　　石膏板

布艺软包

艺术墙贴

白枫木装饰线

密度板雕花

白枫木装饰线

胡桃木饰面板

石膏板拓缝

艺术壁纸

白色乳胶漆                    有色乳胶漆

米色网纹大理石　　　　　　　　　　灰镜装饰线

胡桃木饰面板

中花白大理石

艺术壁纸

陶瓷锦砖

密度板肌理造型

白枫木装饰线

黑色烤漆玻璃　　　　　木纹大理石

艺术壁纸

## 壁纸装饰有什么特点

目前国际上比较流行的产品类型主要有纸面壁纸、塑料壁纸、纺织壁纸、天然壁纸、静电植绒壁纸、金属膜壁纸、玻璃纤维壁纸、液体壁纸和特种壁纸等。纸底胶面墙纸是目前应用最为广泛的墙纸品种，它具有色彩多样、图案丰富、价格适宜、耐脏、耐擦洗等主要优点。现代简约的装饰风格更加强调凸显自我、张扬个性。非常规的空间结构，大胆、鲜明、对比强烈的色彩布置以及刚柔并济的选材搭配，以混搭的手法从冷峻中寻求一种超现实的平衡。

条纹壁纸

雕花银镜

艺术壁纸

黑色烤漆玻璃

雕花烤漆玻璃

装饰灰镜

银镜装饰线

木纹大理石

白枫木装饰线

胡桃木装饰线

黑色烤漆玻璃

艺术壁纸

密度板造型贴银镜　　　　　　　　　　条纹壁纸

仿古墙砖

茶镜装饰线

泰柚木饰面板

米色网纹大理石

木纹亚光墙砖

中花白大理石

石膏板

艺术壁纸　　　　　　石膏板

装饰银镜            水曲柳饰面板

雕花银镜            米色亚光墙砖

直纹斑马木饰面板

陶瓷锦砖

白枫木饰面板

灰白色网纹抛光墙砖

艺术墙贴

石膏板

密度板雕花贴银镜

装饰银镜

黑色烤漆玻璃

中花白大理石

艺术壁纸

石膏板

石膏板拓缝　　　艺术壁纸

## 客厅电视墙壁纸设计应该注意什么

如果房间显得空旷或者格局较为单一,可以选择鲜艳的暖色,搭配大花图案满墙铺贴。暖色可以起到拉近空间距离的作用,而大花朵图案的满墙铺贴可以营造出花团锦簇的效果。

对于面积较小的客厅,使用冷色壁纸会使空间看起来更大一些。此外,使用亮色或者浅淡的暖色加上一些小碎花图案的壁纸,也会达到这种效果。中间色系的壁纸加上点缀性的暖色小碎花,通过图案的色彩对比,也会巧妙地转移人们的视线,在不知不觉中扩大了原本狭小的空间。

艺术壁纸

白色乳胶漆

艺术壁纸

磨砂玻璃

白色乳胶漆

车边茶镜

艺术壁纸　　　　　密度板雕花

白枫木装饰线　　　　　艺术壁纸

银镜装饰线

石膏板拓缝

泰柚木饰面板

黑镜装饰线

中花白大理石

水曲柳饰面板

黑色烤漆玻璃　　　石膏板拓缝

艺术壁纸　　　　　　　白枫木格栅

石膏板拓缝

艺术壁纸

泰柚木饰面板

木质搁板

条纹壁纸

木纹大理石

有色乳胶漆

装饰银镜

艺术壁纸

雕花烤漆玻璃

木质搁板

黑色烤漆玻璃

白色抛光墙砖

木纹大理石

## 壁纸施工的注意事项

　　壁纸的施工，最关键的是对防霉和伸缩性的技术处理。

　　1.防霉的处理。壁纸铺贴前，需要先把基面处理好，可以用双飞粉加熟胶粉进行批烫整平。待其干透后，再刷上一两遍清漆，然后再进行铺贴。

　　2.伸缩性的处理。壁纸的伸缩性是一个老大难问题，要从预防着手，一定要预留0.5mm的重叠层。有的人片面追求美观而把这个重叠层取消，这是不妥的。此外，应尽量选购一些伸缩性较好的壁纸。

条纹壁纸

木质搁板

白枫木饰面板

水曲柳饰面板

装饰灰镜

艺术壁纸

木质搁板

米色网纹大理石

黑胡桃木饰面板

石膏板

黑镜装饰线

白枫木饰面板

银镜装饰线

黑胡桃木饰面板 爵士白大理石

艺术壁纸 雕花烤漆玻璃

米黄色洞石                                    布艺软包

艺术壁纸                                      白枫木饰面板

深咖啡色网纹大理石

中花白大理石

条纹壁纸

米色大理石

条纹壁纸

黑镜装饰线

艺术壁纸

肌理壁纸　　　　　　　　　泰柚木饰面板

白色乳胶漆

陶瓷锦砖

白色抛光墙砖

黑镜装饰线

胡桃木饰面板

车边银镜

白枫木装饰线　　　　　有色乳胶漆

艺术壁纸

## 如何检验壁纸铺贴的质量

1. 壁纸粘贴牢固，表面色泽一致，无气泡、空鼓、裂缝、翘边、褶皱和斑污，视时无胶痕。

2. 表面平整，无波纹起伏，壁纸与挂镜线、饰面板和踢脚线紧接，无缝隙。

3. 各幅拼接要横平竖直，拼接处花纹、图案吻合，不离缝、不搭接，距墙面1.5m处正视，无明显拼缝。

4. 阴阳转角垂直，棱角分明，阴角处搭接顺光，阳角处无接缝，壁纸边缘平直整齐，无纸毛、飞刺，无漏贴和脱层等缺陷。

白枫木装饰线

艺术壁纸

水曲柳饰面板

艺术壁纸

石膏板拓缝

装饰茶镜

茶色烤漆玻璃　　　　　　白枫木饰面板

黑色烤漆玻璃

黑胡桃木饰面板

雕花银镜

白枫木装饰立柱

白枫木装饰线

艺术壁纸

中花白大理石

水曲柳饰面板

中花白大理石                    茶色烤漆玻璃

艺术壁纸

泰柚木饰面板　　　　　　　　白枫木装饰线

装饰灰镜　　　　　　　　　　　　　　　　　　　　　　银镜装饰线

布艺软包

装饰灰镜

艺术壁纸

米色大理石　　　　　　装饰银镜

条纹壁纸

水曲柳饰面板

胡桃木装饰线

桦木饰面板

车边银镜

白色抛光墙砖

石膏板

白色抛光墙砖

米色洞石

石膏板

艺术壁纸                                          白枫木装饰立柱

## 如何处理壁纸起皱

　　起皱是最影响壁纸裱贴效果的，其原因除壁纸质量低劣外，主要是由于出现褶皱时没有顺平就赶压刮平所致。施工中要用手将壁纸舒展平整后才可赶压。出现褶皱时，必须将壁纸轻轻揭起，再慢慢推平，待褶皱消失后再赶压平整。如出现死裙，壁纸未干时可揭起重贴，如已干则撕下壁纸，进行基层处理后重新裱贴。

艺术壁纸

艺术壁纸

条纹壁纸

白色乳胶漆

艺术壁纸

石膏板

白枫木装饰线　　　　　　　　艺术壁纸

不锈钢装饰线

条纹壁纸

白枫木装饰线

爵士白大理石

黑色烤漆玻璃

白枫木装饰立柱

艺术壁纸

水曲柳饰面板                    装饰灰镜

条纹壁纸 白色乳胶漆

雕花银镜

条纹壁纸

石膏板拓缝

中花白大理石

米黄色网纹大理石

黑色烤漆玻璃

灰镜装饰线　　　　　水曲柳饰面板

密度板造型

艺术壁纸

米色亚光墙砖

黑色烤漆玻璃

泰柚木饰面板

木质搁板

石膏板拓缝

密度板雕花

云纹大理石

中花白大理石

银镜装饰线　　　　胡桃木饰面板

## 如何处理壁纸气泡

　　壁纸出现气泡的主要原因是胶液涂刷不均匀，裱贴时未赶出气泡。施工时为防止漏刷胶液，可在刷胶后用刮板刮一遍，以保证刷胶均匀。如施工中发现气泡，可用小刀割开壁纸，放出空气后，再涂刷胶液刮平，也可用注射器抽出空气，注入胶液后压平，这样可保证壁纸贴得平整。

条纹壁纸

胡桃木装饰线

艺术壁纸

艺术壁纸

陶瓷锦砖

茶色烤漆玻璃

爵士白大理石

装饰银镜　　　　皮革软包

艺术壁纸　　　　密度板雕花

密度板雕花                                          石膏板拓缝

白色亚光墙砖

黑色烤漆玻璃                                          有色乳胶漆

密度板造型贴黑镜

米色洞石

米色亚光墙砖

米色大理石

装饰茶镜　　　　　　　　木质装饰线

条纹壁纸

密度板雕花贴银镜

米色网纹大理石

艺术壁纸

手绘墙饰

雕花银镜

白枫木格栅

艺术壁纸

黑色烤漆玻璃　　　　　　中花白大理石

黑色烤漆玻璃　　　　白枫木饰面板

雕花银镜 艺术壁纸

米色洞石 木质搁板

艺术壁纸

艺术壁纸

## 如何处理壁纸离缝或亏纸

　　造成壁纸离缝或亏纸的主要原因是裁纸尺寸测量不准、铺贴不垂直。在施工中应反复核实墙面实际尺寸，裁割时要留10~30mm余量。赶压胶液时，必须由拼缝处横向向外赶压，不得斜向或由两侧向中间赶压。每贴2~3张壁纸后，就应用吊锤在接缝处检查垂直度，及时纠偏。如果发生轻微离缝或亏纸，可用同色乳胶漆描补或用相同壁纸搭茬贴补。若离缝或亏纸较严重，则应撕掉重裱。

雕花银镜

车边银镜

石膏装饰线

木质搁板

装饰茶镜

艺术壁纸

黑镜装饰线　　　　　　　　　　　木纹大理石

白枫木装饰线

黑色烤漆玻璃

艺术壁纸

石膏板肌理造型

木质搁板

艺术壁纸

白色乳胶漆

石膏板　　　　装饰灰镜

泰柚木饰面板                     木质窗棂造型贴银镜

木纹大理石

米色亚光墙砖

装饰灰镜

白枫木饰面板

装饰灰镜

米色大理石

白色乳胶漆

白枫木饰面板

有色乳胶漆

爵士白大理石　　　　　　　　　　茶色烤漆玻璃

深茶色烤漆玻璃

布艺软包

艺术壁纸

石膏板

直纹斑马木饰面板

浅咖啡色网纹大理石

密度板拓缝

白枫木饰面板

## 如何选购木纤维壁纸

1.闻气味。翻开壁纸的样本,特别是新样本,凑近闻其气味,木纤维壁纸散出的是淡淡的木香味,如有异味则绝不是木纤维。

2.用火烧。这是最有效的办法。木纤维壁纸在燃烧时没有黑烟,燃烧后的灰尘也是白色的;如果冒黑烟、有臭味,则有可能是PVC材质的壁纸。

3.做滴水试验。这个方法可以检测其透气性。在壁纸背面滴上几滴水,看是否有水汽透过纸面,如果看不到,则说明这种壁纸不具备透气性能,绝不是木纤维壁纸。

4.用水浸泡。把一小部分壁纸泡入水中,再用手指刮壁纸表面和背面,看其是否褪色或泡烂。真正的木纤维壁纸特别结实,并且因其染料是从鲜花和亚麻中提炼出来的纯天然成分,不会因为水的浸泡而脱色。

白枫木饰面板

黑色烤漆玻璃

雕花烤漆玻璃

装饰茶镜

艺术壁纸

密度板雕花贴黑镜

黑色烤漆玻璃

木纹壁纸

红樱桃木饰面板

布艺软包

装饰灰镜

石膏板

密度板雕花贴黑镜　　　　　　　　　　　　　　　　　　　米色网纹大理石

车边银镜　　　　　　　　　　　　　木质装饰线密排

米白色洞石　　　　　　　　　　　　　　　　　　　　　　中花白大理石

白枫木装饰线

雕花灰镜

胡桃木装饰线　　　　　　　　艺术壁纸

陶瓷锦砖　　　　　　　　密度板雕花

钢化玻璃

肌理壁纸

条纹壁纸

石膏板肌理造型

泰柚木饰面板

艺术壁纸

中花白大理石

灰镜装饰线

艺术壁纸　　　　　　　　　白枫木装饰线

黑色烤漆玻璃

车边银镜

陶瓷锦砖

皮革软包

木质搁板                                                       条纹壁纸

## 如何运用整体家具打造电视墙

　　选择整体家具打造电视墙的具体做法就是将购买来的整体客厅家具或业主根据自己的想法而设计制作的整体家具，直接用作电视背景主题，而电视背后的墙面则需要根据家具做相应的搭配设计。从简单的电视地柜到新型的电视组合柜，从原来单纯的装饰墙面到考虑墙面的功能性，将电视背景墙真正打造成为家里的一堵"承重墙"，集收纳、整理、展示为一体，为客厅提供一套综合的空间解决方案。

中花白大理石

银镜装饰线

银镜装饰线

木质搁板

白枫木饰面板

手绘墙饰

艺术壁纸

米色抛光墙砖

白色乳胶漆

水曲柳饰面板                    装饰灰镜

肌理壁纸

雕花银镜

艺术壁纸

艺术壁纸

米色网纹大理石

茶镜装饰线

茶色镜面玻璃

石膏板

艺术墙贴

陶瓷锦砖

中花白大理石

密度板雕花贴黑镜

石膏装饰线

艺术壁纸

条纹壁纸

黑色烤漆玻璃

装饰茶镜

白枫木格栅

肌理壁纸

车边银镜

## 镜面玻璃装饰有什么特点

　　黑镜、茶镜、银镜等是集装饰效果、实用性与扩大空间效果三位于一体的电视墙装饰材料，可以延伸视觉感官。其反光作用不仅会增加房间的亮度(尤其在室内光线不充足的情况下更是如此)，而且可以使客厅的各种布置和摆设显得更加富有灵气，充满动感，体现出新颖别致的装修风格。装镜面玻璃以一面墙为宜，不要两面都装，以免造成反射。镜面玻璃的安装应按照工序，在背面及侧面做好封闭，以免酸性的玻璃胶腐蚀镜面玻璃背面的水银，使镜子产生斑驳现象。

白枫木饰面板

米白色洞石

石膏板拓缝

银镜装饰线

车边茶镜

米黄色洞石

白色乳胶漆

装饰灰镜

茶色镜面玻璃

茶色烤漆玻璃

艺术壁纸

密度板雕花

布艺软包

条纹壁纸

深咖啡色网纹墙砖

胡桃木饰面板

雕花烤漆玻璃

条纹壁纸

艺术墙砖　　　　　装饰银镜

车边银镜　　　　　艺术壁纸

米色抛光墙砖　　　　雕花烤漆玻璃

雕花银镜

装饰银镜

银镜装饰线

艺术壁纸

密度板雕花贴黑镜

艺术壁纸

艺术壁纸

艺术墙贴

密度板雕花贴茶镜

红色烤漆玻璃

石膏板拓缝　　　　　黑色烤漆玻璃

中花白大理石

黑色烤漆玻璃

艺术壁纸

## 如何表现电视墙的质感

　　电视墙的质感是指通过装饰材料的表面组织结构、花纹图案、颜色、光泽、透明性等给人的一种综合感觉。装饰材料的软硬、粗细、凹凸、轻重、疏密、冷暖等可以给电视墙带来不同的质感。相同的材料可以有不同的质感，如光面大理石与烧毛面大理石、镜面不锈钢板与拉丝不锈钢板等。一般而言，电视墙粗糙不平的表面能给人以粗犷、豪迈之感，而光滑、细致的平面则给人以细腻、精致之美。

密度板肌理造型

白色乳胶漆

布艺软包

木纹大理石

装饰茶镜

黑色烤漆玻璃

黑色烤漆玻璃

艺术壁纸

黑色烤漆玻璃

石膏板拓缝

木质搁板

石膏板

银镜装饰线

艺术壁纸

装饰灰镜

条纹壁纸　车边茶镜

泰柚木饰面板　　　　　　　　装饰灰镜

白枫木饰面板　　　　　　　　黑色烤漆玻璃

木纹大理石

皮纹砖

白枫木饰面板

黑色烤漆玻璃

黑镜装饰线

米白色洞石

艺术壁纸